はじめに

　生物は高校理科4科目の中で最も暗記事項の多い科目であると思う．しかしながら大学受験における生物は，単なる知識の羅列を問うものではなく，それら膨大な知識を前提とした複雑な思考を要する計算問題や効率を考慮した実験・実践的な考察問題ばかりである．

　そんな今日の大学受験生物の状況を踏まえた上で，本書では生物用語を体系的に並べ，生物という分野を俯瞰し，即座に知識の補完と整理を行えることを目標とした．そのため，特に頻出する生体内の諸現象や受験生各位ならば必ず知っておくべき生物用語の説明等はわざわざ記載していない．また教科書には発展的すぎるが故にその説明が省略・簡略化された事項などについては詳しいメカニズムなどを記載した．

　なお本書は，生物の学習を一通り終えた者が知識定着の最終確認として使ったり，テスト前の最終チェックに使うことを想定している．とても初学者が1冊目に取れる本ではないことを注意しておく．

　本書のコンセプトは，

・　極限の内容圧縮．単語の羅列に近い．

・　これらの単語を見て，内容が想起できなければ勉強不足．

である．

　本書は高校生物の内容を極限まで圧縮している．もちろん基礎的な生物用語から発展的な生物用語まで一通り網羅はしているが，用語の解説は必要最低限にとどめている．もしわからない単語があればもう一度教科書を読み直すべきであるし，イメージ出来ない図表についても同様である．

　最後に，この使い方はあまり推奨しないが，本書は即席的な知識の習得に残念ながら適している．しかし定期テスト前，徹夜明けの迷える高校生達を赤点や補習，成績不振から救えるなら，そのような使い方も本望である．

　もし何か間違いや訂正，感想があれば奥付まで連絡願いたい．間違いを見つけた場合は *INTERNET* 上で訂正がなされる．

❶　細胞

1.1　生体を構成する物質

▷　有機物：タンパク質（C, H, O, N, S），核酸（C, H, O, N, P），炭水化物（C, H, O），脂質（C, H, O, P）

▷　無機物：水（H, O），無機塩類（Ca, K, Na, Cl, Mg, Fe）

1.2　細胞と小器官の発見

▷　細胞：フックがコルク片の顕微鏡観察で発見．

▷　核：ブラウンが発見．

▷　ゴルジ体：ゴルジが発見

1.3　ウイルス

▷　エンベロープ：一部のウイルスの膜状の構造物．

▷　スパイク：膜表面に発現している膜タンパク質．

▷　ウイルスの持つ核酸の種類

　　　1本鎖DNA：ヒトパルボウイルス

　　　2本鎖DNA：T_2ファージ

　　　1本鎖RNA：インフルエンザウイルス，ヒト免疫不全ウイルス，新型コロナウイルス（SARS-CoV-2）

　　　2本鎖RNA：ロタウイルス

JN095090

1.4　**一重膜構造** 小胞体，ゴルジ体，リソソーム（特に加水分解酵素を含む），液胞，ペルオキシソーム

▷ タンパク質の分解

オートファジー：不要なタンパク質などを包んだ小胞に，分解酵素の入ったリソソームが融合することで分解される．

ユビキチン・プロテアソーム系：不要なタンパク質などにユビキチンと呼ばれるタンパク質が多数結合し，これがガイドとなって筒状のタンパク質であるプロテアソームが探知，分解される．

1.5　**二重膜構造** 核，ミトコンドリア，葉緑体

1.6　**ミトコンドリア** マトリックス，クリステ

1.7　**葉緑体** ストロマ，チラコイド，グラナ，ストロミュール[*1]

▷ 色素体：有色体，白色体，アミロプラスト

1.8　**原形質流動（細胞質流動）** アクチンフィラメント，ミオシンフィラメント

1.9　**細胞外基質（特に脊椎動物）** コラーゲン，プロテオグリカン，糖タンパク質，多糖類

1.10　**細胞内共生説** ▷ 根拠：独自の DNA とリボソームを持つ．

1.11　**細胞説** ▷ 植物はシュライデン，動物はシュワン．

1.12　**細胞分画法** 核と細胞壁→葉緑体→ミトコンドリア→その他微細な構造物，の順に分離される．

1.13　**シャペロン** タンパク質の正常な構造維持を助ける．

1.14　**細胞内外との物質輸送**

▷ 外から中：エンドサイトーシス

▷ 中から外：エキソサイトーシス

1.15　**細胞骨格**

アクチンフィラメント：アクチン分子，5–9 nm

微小管：チューブリン，24–25 nm

中間径フィラメント：ケラチン繊維など，10 nm

1.16　**モータータンパク質**

▷ マイナス方向へ：ダイニン

▷ プラス方向へ：キネシン

1.17　**生体膜** 脂質二重層，親水部，疎水部

▷ 膜構造物：イオンチャネル，イオンポンプ，アクアポリン→流動モザイクモデル，選択的透過性

1.18　**浸透圧**

膨圧，生理食塩水

等張→高張　原形質分離

高張→等張　原形質復帰

等張→低張　溶血

1.19　**体細胞分**

G1 期（DNA 合成準備期）

S 期（DNA 合成期）

G2 期（分裂準備期）

[*1] 葉緑体間の接続．物質の輸出入をしている．

M 期（分裂期）
- ▷ 前期：核膜と核小体の消失．星状体ができ紡錘体が形成開始．
- ▷ 中期：紡錘体の形成完了．染色体が赤道面に並ぶ．
- ▷ 後期：染色体が動原体で分離．微小管である紡錘糸を手繰り寄せながら進む．
- ▷ 終期：動物細胞はくびれながら，植物細胞は細胞板により中から分裂．

1.20 **染色体** ヒストン，核相（$2n$ は複相，n は単相），相同染色体
- ▷ ゲノム：全ての核酸上の遺伝情報を指す．

1.21 **細胞接着**
密着結合
固定結合（接着結合，デスモソーム，ヘミデスモソーム）
ギャップ結合

1.22 **植物の組織**
- ▷ 分裂組織：根端分裂組織，茎頂分裂組織，形成層
- ▷ 表皮系：表皮，孔辺細胞，毛，根毛
- ▷ 維管束系
    木部：道管，木部柔組織，木部繊維
    師部：師管，伴細胞，師部柔組織，師部繊維
- ▷ 基本組織系
    皮層：同化組織，貯蔵組織，分泌組織，厚壁組織，厚角組織，繊維組織
    葉肉：さく状組織，海綿状組織

❷ 代謝

この分野は代謝産生物をひたすら唱えるよりも，機構をそのまま図で暗記すると効率が良いだろう．

2.1 **発酵** 解糖，アルコール発酵，乳酸発酵，酢酸発酵，腐敗
- ▷ 乳酸発酵：1 分子のグルコースを 2 分子の乳酸に分解．2 ATP 生成．
- ▷ アルコール発酵：1 分子のグルコースを 2 分子のエタノールと二酸化炭素に分解．2 ATP 生成．
- ▷ 解糖系：1 分子のグルコースを 2 分子のピルビン酸に分解．2 ATP 生成．細胞質基質．乳酸解糖（マイヤーホフ）
- ▷ パスツール効果：酸素濃度が十分である時，発酵が阻害される効果．

2.2 **呼吸**
- ▷ 脂肪の代謝経路
    グリセリン：解糖系に入りピルビン酸へ
    脂肪酸：β 酸化されアセチル CoA へ
- ▷ クエン酸回路：ピルビン酸，アセチル CoA，クエン酸，ケトグルタル酸，コハク酸，フマル酸，リンゴ酸，オキサロ酢酸，2 ATP 生成，マトリックス
- ▷ 電子伝達系：34 ATP 生成．ミトコンドリア内膜．
- ▷ 脱水素酵素の実験：コハク酸からフマル酸が生成されるとき FAD が受け取った水素イオンによりメチレンブルーが還元される．空気を抜いておくのは，還元されたメチレンブルーが酸化されるのを防ぐため．

2.3 **呼吸商（丸暗記推奨）**
炭水化物：約 1.0：$C_6H_{12}O_6 + 6\,O_2 + 6\,H_2O \rightarrow 6\,CO_2 + 12\,H_2O$
脂肪：約 0.7：$2\,C_{51}H_{98}O_6 + 145\,O_2 \rightarrow 102\,CO_2 + 98\,H_2O$

タンパク質：約 0.8：$2\,C_6H_{13}O_2N + 15\,O_2 \rightarrow 12\,CO_2 + 10\,H_2O + 2\,NH_3$

2.4　光合成

▷ 光合成を行う生物：紅色硫黄細菌，紅色非硫黄細菌，緑色硫黄細菌

▷ 光合成色素：クロロフィル a，クロロフィル b，バクテリオクロロフィル，カロテン，フコキサンチン，フィコエリトリン，フィコシアニン

▷ チラコイドでの反応：光化学系 1，光化学系 2，電子伝達系，光リン酸化反応，$NADP^+$

▷ ストロマでの反応

カルビン・ベンソン回路，ルビスコ

限定要因，光補償点

見かけの光合成速度 ＋ 呼吸速度 ＝ 真の光合成速度

▷ ヒル反応[*2]：二酸化炭素固定能力を失った葉緑体に，人工電子受容体を与えることで光照射した時に酸素発生する反応．これにより光合成の二酸化炭素の固定反応機構と酸素の発生機構が独立していることが示された．

▷ 特殊な光合成を行う植物

C_4 植物：カルビン・ベンソン回路とは別に，炭素数 4 のオキサロ酢酸を保存する機構を持つ．オキサロ酢酸はリンゴ酸に変換され利用される．周りの植物の光合成速度が大きく二酸化炭素濃度が低下した場合に，光合成速度を落とすことなく効率よく光合成を行うことができる．トウモロコシやサトウキビなど

CAM 植物：砂漠などでは比較的湿度の高い夜間に気孔を開いて二酸化炭素を取り込み，リンゴ酸として液胞内で保存する．日中は気孔を閉じて蒸散によって失われる水分量を最低限におさめながら効率よく光合成を行う．サボテン，パイナップル，ベンケイソウなど．

2.5　その他の同化　細菌の炭素同化，窒素同化

▷ 化学合成細菌[*3]

亜硝酸菌：$2\,NH_3 + 3\,O_2 \rightarrow 2\,HNO_2 + 2\,H_2O$

硝酸菌：$2\,HNO_2 + O_2 \rightarrow 2\,HNO_3$

硫黄細菌

$2\,H_2S + O_2 \rightarrow 2\,S + 2\,H_2O$

$2\,S + 3\,O_2 + 2\,H_2O \rightarrow 2\,H_2SO_4$

▷ 窒素固定細菌：根粒菌，ネンジュモ，アゾトバクター，クロストリジウム

2.6　酵素の働き　基質活性部位，基質特異性，酵素-基質複合体（ES 複合体）

▷ 主な加水分解酵素

アミラーゼ：アミロース→マルトース

マルターゼ：マルトース→グルコース

スクラーゼ：スクロース→グルコース，フルクトース

ラクターゼ：ラクトース→グルコース，ガラクトース

セルラーゼ：セルロース→グルコース

ヌクレアーゼ：核酸→ヌクレオチド

リボヌクレアーゼ：RNA →ヌクレオチド

ペプシン：タンパク質→ポリペプチド

トリプシン：タンパク質→ポリペプチド

[*2] $H_2O + $ 電子受容体 $\rightarrow \frac{1}{2}O_2 + $ 電子受容体 H_2

[*3] 反応から得たエネルギーで有機物の合成を行う．

リパーゼ：脂肪→脂肪酸，グリセリン
▷ 主な酸化還元酵素
カタラーゼ：過酸化水素→水，酸素
オキシダーゼ：水素，酸素→水
デヒドロゲナーゼ：脱水素反応
▷ リボザイム：酵素として働く RNA
▷ 酵素と外的条件：最適温度，最適 pH，最適塩濃度，変性→失活
▷ 競争的阻害：活性部位を阻害する．反応速度を緩やかに減速する．
▷ 非競争的阻害：アロステリック部位に阻害物が結合することで変性し阻害する．濃度の影響を受けないので急激な反応速度の低下をもたらす．

2.7 **補酵素** NAD^+, $NADH$, アポ酵素, ホロ酵素

❸ 生殖・発生

3.1 **有性生殖** 配偶子 $\times 2$ が接合→接合子
▷ 同形配偶子：アオミドロ，ゾウリムシ，クラミドモナス
▷ 異形配偶子：アオサ，アオノリ

3.2 **無性生殖**
分裂，出芽，栄養生殖，胞子
有性生殖は遺伝的多様性を生じさせるが，無性生殖は単体での生殖が可能．

3.3 **減数分裂** 連鎖，対合，独立，二価染色体，キアズマ，乗換え，組換え，（乗換えがない場合）2^n 通り，組換え価

3.4 **動物の精子** 精原細胞 $(2n)$，一次精母細胞 $(2n)$，二次精母細胞 (n)，精細胞 (n)，精子 (n)

3.5 **動物の卵子** 卵原細胞 $(2n)$，一次卵母細胞 $(2n)$，二次卵母細胞 (n)，第一極体 (n)，卵 (n)，第二極体 (n)

3.6 **動物の生殖** ゼリー層，受精丘，先体反応，先体突起，表層粒，精核，卵核，受精膜，受精卵電位変化と受精膜形成→多精拒否

3.7 **動物の発生** 卵割，割球，動物極，植物極，同調分裂
▷ 等黄卵（全割）：哺乳類，棘皮動物，原索動物
▷ 端黄卵（全割）：両生類
▷ 端黄卵（盤割）：鳥類，爬虫類，魚類
▷ 心黄卵（表割）：昆虫類，甲殻類

3.8 **ウニの発生**
2 細胞期，4 細胞期，8 細胞期（等割），16 細胞期，桑実胚期（卵割腔），胞胚期（孵化・胞胚腔），原腸胚期（陥入），プリズム幼生，プルテウス幼生
一次間充織→骨片
二次間充織→筋肉，生殖腺
▷ ドリーシュの実験：分割したウニの胚の割球から完全な胚が生じることを発見．予定運命の解析に繋がった．

3.9 **カエルの発生**
2 細胞期，4 細胞期，8 細胞期，16 細胞期，桑実胚期，胞胚期，原腸胚期，神経胚期，尾芽胚期（孵化）
卵黄栓，原口背唇，神経板，神経溝，神経管
▷ 外胚葉

　　　　表皮：表皮，感覚器官
　　　　神経管：脳，脊髄，感覚器官
　　▷ 中胚葉
　　　　脊索：退化し脊椎骨に置き換わる．
　　　　体節：脊椎骨，骨格，骨格筋，真皮
　　　　腎節：腎臓，輸尿管
　　　　側板：体腔壁，心臓，血管，内臓筋
　　▷ 内胚葉：食道，胃，小腸，大腸，肝臓，すい臓，肺，甲状腺
　　▷ 体軸決定：表層回転，灰色三日月環，ディシェベルト，βカテニン

3.10　誘導 中胚葉誘導（ニューコープ），神経誘導，形成体（シュペーマン），誘導

3.11　誘導の連鎖 眼胞，水晶体原基，眼杯，水晶体胞，網膜，水晶体：局所染色法，原基分布図，プログラム細胞死，アポトーシス

3.12　ショウジョウバエの体節決定 母性効果遺伝子（母親からのみ影響される），ビコイドmRNA（前端），ナノスmRNA（後端），ギャップ遺伝子，ペアルール遺伝子，セグメントポラリティ遺伝子

3.13　ショウジョウバエの器官形成

　ホメオティック遺伝子，ホメオティック変異，ホメオボックス，ホメオドメイン，Hox遺伝子
　▷ アンテナペディア遺伝子複合体：頭部，前胸部，中胸部
　▷ バイソラックス遺伝子複合体：後頭部，腹部，尾部
　▷ ルイスの提唱：Hox遺伝子群の変異によって，ホメオティック変異体の発生を説明できることを提唱．

3.14　再生医療 iPS細胞（山中伸弥），ES細胞（マウスES細胞：エバンス，ヒトES細胞：トムソン），幹細胞

3.15　植物の生殖 花粉母細胞（$2n$），花粉四分子（n），雄原細胞（n），花粉管細胞（n），精細胞（n）×2，花粉管核
　▷ 被子植物：胚のう母細胞（$2n$），胚のう細胞（n），胚のう（卵細胞（n），助細胞（n）×2，中央細胞（極核（n）×2），反足細胞（n）×3）
　▷ 裸子植物：胚のう（卵細胞（n），胚乳（n））

3.16　被子植物の受精
　▷ 重複受精
　　　　精細胞（n）と卵細胞（n）→受精卵（$2n$）
　　　　精細胞（n）と極核（n）×2→胚乳核（$3n$）

3.17　裸子植物の受精
　胚乳はすでに形成されており，卵細胞に受精するのみ．
　　精子を持つ裸子植物：イチョウ，ソテツ

3.18　被子植物の発生
　▷ 有胚乳種子：胚乳に栄養
　　　＊ イネ，ムギ，トウモロコシなど
　▷ 無胚乳種子：子葉に栄養
　　　＊ エンドウ，ダイズ，アブラナ，クリ，アサガオなど
　　　受精卵→胚球と胚柄（後に退化）→胚（幼芽，子葉，胚軸，幼根）
　　　胚乳核→胚乳

3.19　栄養生殖 頂端分裂組織，茎頂分裂組織，葉原基，側芽，花芽，根冠

❹ 遺伝など

計算が面倒な分野. 慣れるのみ.

4.1 構造

▷ DNA の塩基[*4]アデニン, チミン, シトシン, グアニン

▷ RNA の塩基

アデニン, ウラシル, シトシン, グアニン

mRNA, tRNA, rRNA

塩基・糖・リン酸→ヌクレオチド

4.2 シャルガフの法則 DNA 中のアデニンとチミン, グアニンとシトシンの比率は常に同率であること.

4.3 複製

二重らせん構造, 相補性, 5′ 末端, 3′ 末端, 半保存的複製

プライマー, リーディング鎖, ラギング鎖, 岡崎フラグメント

ヘリカーゼ, ポリメラーゼ, リガーゼ

▷ 原核生物の複製:環状 DNA プラスミドを持つので, 一基点から双方向に複製を行う.

4.4 発現 転写→翻訳, セントラルドグマ[*5]

▷ 原核生物の翻訳, 転写

原核生物の翻訳, 転写は同時に進む. RNA ポリメラーゼから伸長される mRNA に複数のリボソームが先端部分から結合していき, それぞれがタンパク質合成を行う.

センス鎖≒mRNA, トリプレット, コドン, アンチコドン

▷ 開始コドン:AUG(メチオニン)

▷ 終止コドン:UAA, UAG, UGA

▷ 変異

ナンセンス変異:終始コドンの発生によってアミノ酸配列が途中で途切れてしまう変異.

ミスセンス変異:塩基の置き換わりによって, その部分のアミノ酸のみ変化してしまう変異.

フレームシフト変異:塩基の欠失・挿入によって, トリプレットの読み枠がズレ, それ以降のアミノ酸配列が全てズレてしまう変異.

スプライシング:エキソン, イントロン

▷ ライオニゼーション:X 染色体を 2 本持つ雌は, 過剰な量の遺伝子発現を避けるためにどちらか一方の染色体が XistRNA の発現, ヒストンのメチル化や低アセチル化, DNA のメチル化を経て不活性化が行われる.

▷ ゲノムインプリンティング:遺伝子によっては父親由来, 母親由来どちらか一方の遺伝子のみが発現し, 片方の遺伝子はメチル化が行われて不活性化される現象.

▷ 一遺伝子一酵素説:ビートル, テータムにより提唱. 生体内の化学反応にはそれぞれ対応する酵素があり, それらを合成する遺伝情報である DNA もそれぞれここに対応しているという説. アカパンカビの最小培地の実験から提唱された. 現在では選択的スプライシングによって一つの遺伝子から多様な酵素が合成されていると考えられている.

4.5 発現の調節 調節遺伝子, 調節タンパク質, 調節領域, DNA ポリメラーゼ, プロモーター

▷ 原核生物:オペロン, オペレーター, リプレッサー, アクチベーター

オペロン説:原核生物の遺伝子の転写調節において, 上流の調節領域が下流の遺伝子群を調

[*4] アデニン, グアニンはプリン塩基, チミン, ウラシル, シトシンはピリミジン塩基に分類される.

[*5] セントラルドグマに逆行する逆転写を行うレトロウイルスが存在する.

節タンパク質によって制御しているという説．転写を促進する調節タンパク質を特にアクチベーター，抑制する調節タンパク質を特にリプレッサーと呼ぶ．

▷ 真核生物：転写調節領域，基本転写因子，プロモーター

4.6　バイオテクノロジー

制限酵素（ハサミの役割），DNA リガーゼ（接着剤の役割）

遺伝子組換え，プラスミド（環状 DNA），ベクター，緑色蛍光タンパク質・GFP（下村脩）

一塩基多型（SNP）マイクロサテライト，ノックアウトマウス

▷ PCR 法：90 度（解離）→ 60 度（アニーリング）→ 70 度（相補鎖合成）

▷ 電気泳動：プラスに向かって泳動．

4.7　染色体と遺伝子

▷ 染色体の構造：ヒストン，ヌクレオソーム，クロマチン繊維，コンデンシン，コヒーシン

▷ 相同染色体

常染色体，性染色体

遺伝子座，対立遺伝子，優性遺伝子（顕性遺伝子），劣性遺伝子（潜性遺伝子），遺伝子型，ホモ接合，ヘテロ接合，表現型，純系，雑種，交雑，検定交雑

4.8　染色体説と遺伝子説

▷ 染色体説：遺伝子は染色体上に存在するという説．サットンが提唱．

▷ 遺伝子説：遺伝は粒子的な媒体である遺伝子によって決定されるという説．モーガンが提唱．

4.9　遺伝現象　一遺伝子雑種，二遺伝子雑種，不完全優性，致死遺伝子，複対立遺伝子，補足・抑制遺伝子

▷ 伴性遺伝：常染色体上の劣性遺伝子は，相同な染色体に優性遺伝子がある場合その表現型は優性遺伝子のものとなるため，劣性遺伝子が表現型として発現する事はない．しかしながら劣性遺伝子が性染色体，特にヒトの雄のように X 染色体しか持たない場合にコードされている場合，その子は雌雄関係なく劣性遺伝子を遺伝し，雄個体は必ず発病する．このように性染色体上の遺伝子の持ち方が雌雄で異なることで，雌雄の間で形質の現れ方が変わってくる遺伝を伴性遺伝と呼ぶ．

▷ 細胞質遺伝：ミトコンドリアや葉緑体にも DNA は存在する．個体だけではなく，その個体の細胞小器官の DNA の遺伝子に依存する遺伝を細胞質遺伝と呼ぶ．

ミトコンドリア遺伝：ヒトのミトコンドリアは全て母親由来である．父親のミトコンドリアは受精の際に分解されてしまう．

▷ 遺伝の法則

優性の法則：対立形質を持つ両親から生まれる子には優性形質のみが現れる．

分離の法則：優性ホモ，劣性ホモ遺伝子をそれぞれ持つ両親の間から生まれるヘテロ遺伝子を持つ子は，減数分裂において対立遺伝子がそれぞれ性質を変えずに分離して配偶子に分配される．

独立の法則：2 組の対立遺伝子が異なる染色体上に存在するとき，2 組の対立形質は互いに影響を与える事なく配偶子に分配される．

▷ XY 型：ヒト，ショウジョウバエ

▷ XO 型：トンボ，バッタ，コオロギ，ヤマノイモ

▷ ZW 型：カイコガ，ニワトリ

▷ ZO 型：トビゲラ，ミノガ

4.10　ABC モデル

▷ A クラス遺伝子（AP1，AP2）：がく片のみ形成

▷ Bクラス遺伝子（AP3, PI）：Aと合わさって花弁，Cと合わさって雄しべを形成．
▷ Cクラス遺伝子（AG）

　　雌しべのみ形成．

　　AとCは拮抗する．

4.11　**染色体地図**　遺伝子説，三点交雑，組換え価，遺伝学的地図，細胞学的地図，だ腺染色体

4.12　**プリオン**　感染性因子のタンパク質を指す．このタンパク質が自己増殖を行うわけではなく，正常型タンパク質にその異常性を伝播する能力を持つとされる．プルシナーが発見．

4.13　**重要な遺伝による病気**
▷ プリオン病：孤発性，家族性，獲得性がある．

　　クロイツフェルト・ヤコブ病（孤発性もある）
▷ 鎌状赤血球貧血症
▷ 色覚多様性（伴性遺伝）

❺　恒常性

5.1　**血液**　血しょう，赤血球，白血球，血小板
▷ 赤血球

　　円形板，無核

　　ヘモグロビン，動脈血，静脈血

　　肺の酸素ヘモグロビン － 組織の酸素ヘモグロビン ＝ 組織で解離する酸素ヘモグロビン
▷ 白血球：T細胞，B細胞，NK細胞，単球，好中球，好酸球，好塩基球，有核
▷ 血液凝固：血小板，プロトロンビン，トロンビン（酵素），フィブリノーゲン，フィブリン，血ぺい，線溶

5.2　**体液の循環**

　洞房結節，動脈，静脈，毛細血管，肺循環，体循環，弁

　右心房→右心室→肺→左心房→左心室→各器官
▷ 閉鎖血管系：脊椎動物
▷ 開放血管系：昆虫など
▷ 一心房一心室：魚類
▷ 二心房一心室：両生類
▷ 二心房二心室（不完全）：爬虫類
▷ 二心房二心室（完全）：鳥類，哺乳類

5.3　**体液の調整**
▷ 肝臓：肝門脈，肝小葉，胆細管，小葉間胆管，小葉間動脈，小葉間門脈
▷ 肝臓の働き

　　　グルコースをグリコーゲンへ合成，分解

　　　アミノ酸をタンパク質へ合成

　　　赤血球の分解，胆汁の合成

　　　アンモニアを尿素へ解毒

　　　アルコールなどの分解・解毒

　　　熱の発生，体温維持
▷ 腎臓：腎う，輸尿管，ネフロン（腎単位），腎小体，細尿管，糸球体，ボーマンのう
▷ ろ過：糸球体→ボーマンのう（原尿）
▷ 再吸収：細尿管・集合管→毛細血管（尿）

5.4 神経系

▷ 中枢神経系

　　脳，脊髄

▷ 末梢神経系

　　自律神経系：交感神経系，副交感神経系

　　体性神経系：運動神経，感覚神経

5.5 自律神経系の働き

▷ 交感神経

　　伝達元：脊髄

　　神経伝達物質：ノルアドレナリン

　　働き：異化促進，活動的

▷ 副交感神経

　　伝達元：中脳，延髄，脊髄

　　神経伝達物質：アセチルコリン

　　働き：同化促進，非活動的

5.6 ホルモン 内分泌系，標的器官，標的細胞，フィードバック

▷ ホルモンの特徴

　　内分泌腺（脳下垂体，甲状腺，副甲状腺，副腎，ランゲルハンス島）と脳の神経分泌細胞で分泌される．

　　排出管などを経ずに，直接体液内を流れる．

　　微量で働く．

　　ホルモンを特異的に受容する標的細胞がある．

　　持続性がある．

　　種が異なっていても類似の物質が同様の働きを担う．

5.7 作用の仕組みからホルモンを分類

タンパク質からなるペプチド系ホルモンは，細胞膜上に存在する受容体と結合し，受容体から細胞内にはセカンドメッセンジャー[6]を介した情報伝達を行う．一方でアミノ酸やステロイドからなるアミノ酸誘導体ホルモン，ステロイド系ホルモンの多くは，細胞内の受容体に直接情報を伝達する．

▷ ステロイド系ホルモン：鉱質コルチコイド，糖質コルチコイド，エストロゲン

▷ ペプチド系ホルモン：刺激ホルモン，成長ホルモン，バソプレッシン，パラトルモン，グルカゴン，インスリン

▷ アミノ酸誘導体ホルモン：チロキシン，アドレナリン

5.8 作用とスピード

ホルモンには遺伝子の発現等を促進・抑制する作用と，細胞内の酵素活性やイオン濃度を変化させる作用の二つの作用が存在する．一般的に，前者は遺伝子発現の過程を経るため効果が現れるまで時間がかかるが，後者は受容とともに効果が現れ始めるのでスピードが速い．生体内ではこの両者を使い分けた恒常性維持が行われている．

5.9 生体防御

▷ 物理的な防御：皮膚，粘膜など

▷ 化学的な防御：リゾチーム（細胞壁），ディフェンシン（細胞膜），胃酸など

5.10 自然免疫 食作用，好中球，マクロファージ，樹状細胞，Toll 様受容体，炎症

5.11 獲得免疫

---

[6] セカンドメッセンジャーとして覚えるべきは cAMP（環状アデノシン一リン酸）である．

▷ 体液性免疫：抗原，抗体，抗原抗体反応，MHC 分子，抗原提示，ヘルパー T 細胞，B 細胞→抗体産生細胞，記憶細胞

▷ 細胞性免疫：キラー T 細胞，マクロファージ

5.12 免疫グロブリン

▷ H 鎖と L 鎖：同一の H 鎖と L 鎖が 2 本ずつあり，ペプチド同士は S-S 結合で結合している．

▷ 可変部と定常部：可変部は遺伝子の再構成によって抗体産生細胞ごとに異なるタンパク質の構造を持つため，多様な抗体の結合部を作り出すことを可能にし，様々な種類の抗原との抗原抗体複合体の形成に寄与している．定常部はさらにヒンジ部と Fc 領域に分けられる．ヒンジ部はある程度の可動性があるため抗原と自由な角度で結合することができる．

▷ エピトープ：抗原がタンパク質などからできている場合，多くの種類の抗体の可変部が対応される場所が存在する．それぞれの抗体が結合する部分は特にエピトープと呼ばれる．

5.13 免疫記憶 一次応答，二次応答，ツベルクリン反応

5.14 免疫と医療

▷ ワクチン：生ワクチン，不活化ワクチン，変性毒素

▷ 抗体医薬：モノクローナル抗体

▷ 血清療法

5.15 免疫に関する病気，治療 アレルギー，花粉症，アレルゲン，アナフィラキシーショック，血清療法，拒絶反応，免疫寛容，自己免疫疾患，ヒト免疫不全ウイルス，後天性免疫不全症候群，日和見感染

5.16 免疫寛容

▷ 制御性 T 細胞：坂口志文が発見．免疫系が過度に働いて自己の組織を攻撃するのを抑制する．

❻ 動物の刺激と応答・反応

受容，伝導・伝達，反応の一連の動きを頭の中に描くと理解しやすい分野．イメージ力が鍵．

6.1 刺激の受容 受容器，効果器，神経系，適刺激，感覚細胞

▷ 受容器：網膜，コルチ器，前庭，半規管，嗅上皮，味覚芽，圧点・触点，痛点，温点，冷点

6.2 刺激の反応 筋収縮，発光，発電

▷ 効果器：筋肉，腺，繊毛，鞭毛，発光器官，発電器官

6.3 視覚 ガラス体，毛様筋，チン小帯，水晶体，瞳孔，虹彩，核膜，黄斑，盲斑，視神経，網膜，脈絡膜，強膜，視細胞，暗順応，明順応

▷ 桿体細胞：光を感知する．視物質はロドプシン（オプシン，レチナール），明順応，暗順応

▷ ロドプシンの変性と光の受容：シス型レチナールが光を受容するとトランス型レチナールに異性化する．このトランス型レチナールは異性化することでオプシンと分離し，オプシンも構造変化を起こして活性化する．オプシンの活性化によって活動電位が細胞に発生し，光の受容の情報伝達がなされる．またレチナールはビタミン A より合成されるためビタミン A の欠乏は，暗い場所で目が見えにくくなる「とり目」と呼ばれる症状を引き起こすこともある．

▷ 錐体細胞：黄斑に多く分布し，色を見分ける．視物質はフォトプシン．ヒトは青・赤・緑の 3 種類の錐体細胞を持ち，それぞれを使い分けながら色を認識する．

▷ 視交叉：左右の目には左側，右側にそれぞれ視神経が存在する．視神経は視交叉において一部が交差し，外側膝状体に右眼の鼻側と左眼の耳側は向かって左の，右眼の耳側と左眼の鼻側は向かって右の，それぞれ視覚情報が統合され脳の視覚野に情報が伝達される．

6.4 聴覚 外耳，中耳，内耳，外耳道，鼓膜，耳小骨，うずまき管，コルチ器，耳管

▷ うずまき管の構造：前庭階，うずまき細管，鼓室階

▷ コルチ器の構造：聴細胞, おおい膜, 基底膜, 支持細胞

▷ 高音と低音：音は高音であるほど波長は短い. 低音である場合は長い. 基底膜を卵円窓側（手前）で震わせる音は高音, 頂上部側（奥）を震わせる音は低音と受容される.

6.5 **半規管** 膨大部, リンパ液, 感覚毛, 感覚細胞

6.6 **前庭** 平衡石（耳石）, 感覚毛, 感覚細胞

6.7 **味覚** 味蕾, 味細胞, 舌乳頭

6.8 **嗅覚器** 鼻腔, 嗅上皮, 嗅神経

6.9 **神経** 神経細胞, ニューロン, 細胞体, 軸索, 樹状突起, 神経終末, 感覚神経, 運動神経, 中枢神経系, 介在神経, 静止電位, 活動電位, 興奮

▷ 活動電位：電位非依存性カリウムチャネル, 電位依存性ナトリウムチャネル, 電位依存性カリウムチャネル, ナトリウムポンプ

▷ 興奮の伝導：脱分極, 再分極, 過分極, 不応期

6.10 **伝導** 活動電流, 閾値, 全か無かの法則, 活動電位の頻度

▷ パッチクランプ法：細胞膜上のイオンチャネルやトランスポータの挙動を観測・記録することで, 細胞膜上の挙動を直接的に観察する観察法.

6.11 **神経繊維** 無髄神経繊維, 有髄神経繊維, 神経鞘, シュワン細胞, 髄鞘, ランビエ絞輪, 跳躍伝導

6.12 **伝達** シナプス間隙, 終板, 神経伝達物質（アセチルコリン）, シナプス小胞, リガンド依存イオンチャネル

6.13 **脳**

▷ 散在神経系：刺胞動物

▷ 集中神経系

その他

大脳, 中脳, 小脳, 延髄, 脊髄, 脳下垂体, 間脳視床, 間脳視床下部, 延髄, 脊髄

▷ 大脳：大脳皮質（灰白質）, 新皮質, 辺縁皮質, 大脳髄質（白質）, 学習, 行動, 感情, 欲求, 運動, 感覚

▷ 小脳：平衡感覚, 随意運動

▷ 間脳視床下部：自律神経系の中枢, 内臓の働き調節

▷ 中脳：視覚, 聴覚, 眼球の運動

▷ 延髄

呼吸, 循環器官, 消化器官

（特にこれら間脳, 中脳, 延髄を脳幹と呼ぶ）

▷ 脊髄：腹側（運動神経, 自律神経）, 背側（感覚神経）, 背根, 灰白質, 白質, 脊髄神経

6.14 **反射** 屈筋反射, 膝蓋腱反射, 反射弓

6.15 **効果器**

▷ 横紋筋：骨格筋, 心筋

▷ 平滑筋

内臓筋

潜伏期→収縮期→弛緩期, 単収縮曲線

単収縮, 不完全強縮, 完全強縮

6.16 **骨格筋の構造・収縮** 筋繊維, 筋原繊維, サルコメア, ミオシンフィラメント, アクチンフィラメント, 筋小胞体, Z膜, 明帯, 暗帯, 滑り説, T管

6.17 **収縮の調節** トロポニン, トロポミオシン, Ca^{2+}

▷ 筋運動と ATP の再合成：筋繊維の ATP を消費したのち，乳酸発酵，解糖から不足分の ATP が再合成される．

クレアチンリン酸 → クレアチン ＋ ATP

6.18 **生得的行動** かぎ刺激，定位，正の走性，負の走性，円形ダンス，8 の字ダンス，太陽コンパス，地磁気コンパス，超正常刺激

▷ 走性：光走性，重力走性，電気走性，化学走性，流れ走性

▷ フェロモン：性フェロモン，集合フェロモン，警報フェロモン，道しるべフェロモン

6.19 **学習行動** 慣れ，シナプス可塑性，脱慣れ，鋭敏化，促通性介在神経系，試行錯誤，知能行動，インプリンティング，試行錯誤，知能行動

▷ 条件付け：条件刺激，古典的条件づけ，パブロフの犬，オペラント条件づけ

❼ 植物の刺激と応答・反応

植物ホルモンは，ホルモンごとではなく働きごとにホルモンを分配していくと覚えやすいかも．

▷ 環境要因：光，温度，水，重力など

7.1 光受容体

▷ フィトクロム：赤色光，遠赤色光

▷ フォトトロピン：青色光

▷ クリプトクロム：青色光

▷ 植物ホルモン：オーキシン，ジベレリン，サイトカイニン，アブシシン酸，エチレン，ブラシノステロイド，ジャスモン酸，フロリゲン

7.2 発芽 ジベレリン，アブシシン酸，胚，胚乳，糊粉層，アミラーゼ，デンプン，休眠

▷ 光発芽種子：レタス，タバコ，シロイヌナズナなど

▷ 暗発芽種子：カボチャ，キュウリ，ケイトウなど

7.3 屈性と成長 オーキシン，最適濃度，正の屈性，負の屈性，重力屈性，光屈性，接触屈性，水分屈性，化学屈性，極性，極性移動，アミロプラスト，頂芽優勢，離層

▷ アベナ試験法：ムギなどの芽生えの鞘の先端を切除し，その一部にオーキシンなどの成長促進物質を含む寒天の小片などを載せると，その影響により茎が偏った屈曲をすることを利用した試験法．成長促進物質の判定などに使われる．

7.4 光周性 花芽形成，葉芽，光周性，春化，光中断，限界暗期

▷ 長日植物：ダイコン，アブラナ，キャベツ，コムギ，アヤメ，ヒメジョオンなど

▷ 短日植物：ダイズ，アサガオ，サツマイモ，コスモス，オナモミなど

▷ 中性植物：ソバ，ナス，トマト，キュウリなど

7.5 カルス サイトカイニン，インドール酢酸，脱分化，全能性

❽ 生態系と進化，系統など

一番面倒かもしれない分野．生態系はあまり出にくい分野だが，特定の大学（筑波大とか筑波大とか筑波大とか）はかなりの頻度で出題することのある分野なので，志望校の出題傾向をしっかり調べておこう．

8.1 進化 自然選択，変異

▷ 染色体変異：異数体，倍数体，欠失，重複，逆位，転座

8.2 進化論 用不用の説（ラマルク），自然選択説（ダーウィン），発生反復説（ヘッケル），突然変異説（フリース），中立説（木村資生）

▷ 発生反復説：胚から成体への成長は，その進化の過程を繰り返すという説．並行仮説に分類され，個体発生はその進化の系統の急速な踏襲であると論じられた．

8.3 **遺伝構成の頻度** 遺伝子頻度，遺伝子プール，ハーディー・ワインベルグの法則，遺伝的浮動，分子進化，分子時計

8.4 **種分化** 適応度，小進化，大進化，地理的隔離，性選択

8.5 **化学進化**
▷ 要因
　　宇宙線，紫外線，放電，熱，圧力，熱水噴出孔，ミラーの実験
　　原始大気→アミノ酸，ヌクレオチド→タンパク質，核酸
　　RNA ワールド，DNA ワールド

8.6 **地球環境の変化** ▷ 光合成の証拠：シアノバクテリア，ストロマトライト

8.7 **先カンブリア時代** エディアカラ生物群

8.8 **古生代**
▷ カンブリア紀：カンブリア爆発，バージェス動物群，アノマロカリス，無顎類，三葉虫
▷ オルドビス紀：オゾン層の形成，陸上植物の出現
▷ シルル紀：昆虫，有顎類，軟骨魚類，硬骨魚類，シダ植物の出現，クックソニア
▷ デボン紀：両生類，シダ植物の森林，裸子植物の出現
▷ 石炭紀：両生類の繁栄，シダ植物の大森林，爬虫類の出現
▷ ペルム紀 (二畳紀)：裸子植物の発展，三葉虫類の絶滅，大量絶滅 (P-T 境界)

8.9 **中生代**
▷ トリアス紀 (三畳紀)：恐竜出現，大量絶滅，哺乳類の出現
▷ ジュラ紀：裸子植物，爬虫類，アンモナイト類の繁栄，鳥類の出現
▷ 白亜紀：恐竜類，アンモナイト類の繁栄と絶滅，被子植物の出現，大量絶滅 (K-T 境界)

8.10 **新生代**
▷ 古第三紀：哺乳類，被子植物の繁栄
▷ 新第三紀：人類の出現
▷ 第四紀：ヒトの出現

8.11 **絶滅** 近交弱勢
▷ 絶滅の渦：個体群サイズの減少→遺伝的多様性の減少→近交弱勢

8.12 **人類の進化** 拇指対向性，立体視，類人猿，直立二足歩行，眼窩上隆起，おとがい，きょく突起
▷ 示準化石：三葉虫，フズリナ，アンモナイト
▷ 示相化石：クサリサンゴ，ホタテ

8.13 **適応** 相同器官，相似器官，痕跡器官，適応放散，収れん，保護色，警告色，擬態

8.14 **分類と系統** リンネの二名法，系統樹，系統分類，相同，相似，分子系統樹
▷ 分類群：ドメイン・界・門・亜門・綱・目・科・属・種
▷ 五界説（ホイッタカー，マーギュリス）：原核生物界・原生生物界・植物界・菌界・動物界
▷ ドメイン（ウーズ）：真正細菌ドメイン・古細菌ドメイン・真核生物ドメイン
▷ 動物の分類：脊索動物，棘皮動物，線形動物，節足動物，環形動物，軟体動物，扁形動物，刺胞動物，海綿動物

8.15 **個体群** 集中分布，一様分布，ランダム分布，成長曲線，生存曲線
▷ 個体群密度：区画法（コドラート法），標識採捕法
▷ 密度効果：孤独相，群生相，相変異，最終収量一定の法則，自己間引き
▷ 年齢ピラミッド：ピラミッド型，つり鐘型，つぼ型

8.16　**群れ**　種内競争, 行動圏, 縄張り, 共同繁殖, 利他行動, 順位制, リーダー制, 社会性昆虫, 包括適応度

▷　つがい関係：乱婚制, 一夫多妻制, 一夫一妻制

8.17　**種間関係**　被食者 - 捕食者相互関係, 間接効果, 中立, 寄生, 共生, 相利共生, 片利共生

▷　種内関係：利他行動, 包括的適応度, 血縁度, 社会性昆虫, ヘルパー

▷　生物群集：植物群落, 占有種, ラウンケルの生活環, ウォレス線, ウェーバー線

▷　食物連鎖：生食連鎖, 腐食連鎖, 食物網

▷　種間競争：競争排除則, 生態的地位, 生態の同位種, 棲みわけ, 食いわけ, 間接効果

8.18　**生態系**　生物的環境, 非生物的環境, 環境形成作用, 生産者, 消費者, 分解者, 生態ピラミッド, 生産構造図, 撹乱, 中規模撹乱説

▷　非生物的環境

　　　生物的環境に作用を与える.

　　　生物を取り巻くもの：大気, 水, 光, 温度

　　　生物の生活の基盤になるもの：岩石, 泥, 砂, 水

　　　生物の代謝の素材となるもの：CO_2, O_2, H_2O, 栄養塩類, など

▷　生物的環境：非生物的環境に環境形成作用を与える.

　　　個体

　　　　異種の生物：食物となる生物, 被食者, その他

　　　　同種の生物：それぞれが相互作用を与え合う.

▷　物質収支：現存量, 成長量, 摂食量, 被食量, 死亡量, 呼吸量, 不消化排出量, エネルギー効率, 太陽からの入射エネルギー, 補償深度, 光補償点, 光飽和点

▷　物質収支の式示

　　　総生産量 － 呼吸量 ＝ 純生産量

　　　純生産量 －（被食料量 ＋ 枯死量）＝ 成長量

　　　摂食量 － 不消化排出量 ＝ 同化量

　　　同化量 － 呼吸量 ＝ 生産量

　　　生産量 －（被食量 ＋ 死亡量）＝ 成長量

▷　多様性：遺伝的多様性, 種の多様性, 生態系の多様性

8.19　**植生**　相観, 優占種, 標徴種

▷　森林の階層：林冠, 林床, 高木層, 亜高木層, 低木層, 草本層, 落葉層, 腐食層, 団粒構造

▷　森林の遷移：一次遷移, 二次遷移, 先駆種, 荒原, 草原, 極相, 極相林, 極相種, ギャップ更新

▷　森林

　　　熱帯多雨林, 亜熱帯多雨林：フタバガキの仲間, メヒルギ, ヘゴ, ガジュマル

　　　雨緑樹林：チークの仲間

　　　照葉樹林：スタジイ, アラカシ, タブノキ, ヤブツバキ, アオキ

　　　硬葉樹林：ゲッケイジュ, オリーブ, コルクガシ

　　　夏緑樹林：ブナ, ミズナラ, カエデの仲間

　　　針葉樹林：シラビソ, エゾマツ, トウヒ

▷　草原

　　　サバンナ：イネの仲間, アカシアの仲間, バオバブ

　　　ステップ：イネの仲間

▷　荒原

　　　砂漠：多肉植物（サボテン, ベンケイソウなど）

        ツンドラ：地衣類，コケ植物

▷ 垂直分布：丘陵帯，山地帯，亜高山帯，高山帯，森林限界，お花畑

▷ 水平分布

        高山草原：ハイマツ，シャクナゲ，コマクサ

        針葉樹林：トドマツ，エゾマツ

        夏緑樹林：ブナ，ミズナラ，カエデ類

        照葉樹林：シイ類，カシ類，タブノキ，ヤブツバキ，クスノキ

        亜熱帯多雨林：ヘゴ，ビロウ，アダン，ガジュマル，リュウキュウアオキ

▷ 人間活動と自然：温室効果ガス，自然浄化，富栄養化，生物濃縮，外来生物，里山

❾ その他，疑問点等

- ホルモンと神経が恒常性維持機構として両方存在する意義：ホルモンは遅効性かつ持続性，神経は即効性かつ持続性.
- 血糖値上昇を促すホルモンが多い理由：糖分の不足は死に直結するため.
- 血清と血しょうの違い：血しょうからフィブリンを除去したものが血清.
- ランゲルハンス島とすい臓の違い：すい臓の中にランゲルハンス島が内分泌腺として存在する.
- 耳管の役割：鼓膜内外の気圧調節のため.
- 伝導と伝達の違い：伝導はシナプス内の活動電位，伝達はシナプス間の化学物質を用いた情報伝達.
- 灰白質と白質の構造上の違い：灰白質はシナプスの細胞体，白質は軸索.
- 根の吸水を可能にするもの：水の凝集性，毛細管現象，蒸散力.
- 生存曲線と成長曲線の違い：個体が年代を重ねていくごとにどれだけ生き残っているかを示すのが生存曲線，個体群の規模を表すのが成長曲線.
- 進化系統の解析でrRNAを使う理由：リボソームは生命の働きに重要な役割を担うため配列が高度に保存されており，信頼できる分子時計として利用できるため.
- 染色体異常で21トリソミーが多い理由：21番染色体は小型で，遺伝子発現の影響を受ける遺伝子数が少ないため，発生異常が生じ流産となる可能性が比較的低いから.
- 雄の三毛猫が珍しい理由：猫の毛色は黒色は常染色体上，茶色はX性染色体上にコードされており，茶色遺伝子は黒色遺伝子より優位に働くため，茶色遺伝子をヘテロ結合で持つ個体はライオニゼーションの影響で毛の色を3色に変える. 理論上，X遺伝子を一つしか持たない雄個体は三毛猫になり得ないが，ごく稀に雄がXXYの組み合わせで性染色体を持つ個体が発生するため雄の三毛猫が可能となる. この染色体異常は特にヒトの場合クラインフェルター症候群と呼ばれる.

あと5分! 大学受験まとめノート【生物】

2020年 10月 11日 初版 発行

著　者　　村上 明叶（むらかみ あすか）

発行者　　星野 香奈（ほしの かな）

発行所　　同人集合 暗黒通信団（http://ankokudan.org/d/）
　　　　　〒277-8691 千葉県柏局私書箱54号 D係

本　体　　200円 / ISBN978-4-87310-246-7 C7045

$\sum \infty$　乱丁・落丁は選択的スプライシングによるものです.